Einen Rosengarten anlegen

Henry H. Saylor

Writat

Diese Ausgabe erschien im Jahr 2023

ISBN: 9789359258478

Herausgegeben von
Writat
E-Mail: info@writat.com

EINFÜHRUNG

Ich erinnere mich noch gut an die Warnung eines bekannten Gärtners, als ich, als ich plötzlich die Freuden des Gärtnerns erwachte, im Begriff war, den Anbau von fast allem zu versuchen, was im größten Samen- und Pflanzenkatalog, den ich finden konnte, aufgeführt war:

„Lass die Rose in Ruhe, es lohnt sich nicht, dafür zu kämpfen."

Und das tat ich auch, bis ich eines Tages in einem alten Buchladen herumstöberte und auf ein gut durchgelesenes Exemplar des guten alten Dean Holes „Ein Buch über Rosen" stieß. Lassen Sie mich Ihnen sagen, dass mit der Person, die dieses Buch liest und dann ihren trostlosen, rosenlosen Weg weitertrottet, etwas grundlegend falsch ist .

Aber warum, wenn es ein solches Buch gibt, erlaube ich mir, etwas hervorzubringen, das bestenfalls nur einen schwachen Strahl in der Flamme der Inspiration seines Vorgängers sein kann? Einzig und allein deshalb, weil das Buch von Dean Hole und ein späterer Band von Rev. Andrew Foster-Melliar , der fast genauso inspirierend ist, mit vielleicht sogar noch hilfreicheren Anleitungen, sowohl für den englischen Rosenkranz als auch für ein kühles, feuchtes Klima geschrieben wurden, das etwas anderes erfordert Methode im Vergleich zu der Methode, die hier in Amerika zum Erfolg beim Rosenanbau führen würde. Außerdem liegt meiner Meinung nach etwas Ermutigendes in einem sehr kleinen Buch, einem Buch, das lediglich versucht, die Grundlagen für den Überbau zu legen, den schließlich nur Erfahrung hervorbringen kann. Vielleicht gibt es diejenigen, die sich wie ich mit dem Nötigsten der Klassifizierung begnügen, die sich damit zufrieden geben, die grundlegenden Grundlagen der Kultivierung zu erfahren, und die es eilig haben, mit all diesen einfachen Mitteln zum Ziel fertig zu werden, damit sie beginnen können wachsende Rosen.

Einen Rosengarten anlegen

Wenn man bedenkt, dass die Mehrheit der Botaniker über hundert Arten der Gattung *Rosa kennt* und dass ein französischer Botaniker allein aus Europa und Westasien 4.266 Arten auflistet und beschreibt, wird leicht verständlich, dass dieses Kapitel nur einen groben Überblick geben kann , praktische Kenntnisse über Gruppen und Arten.

Glücklicherweise beschäftigt sich der Amateur-Rosenzüchter in den Vereinigten Staaten nur mit sehr wenigen dieser Arten, vor allem deshalb, weil sich die Bemühungen unserer Rosenzüchter natürlich auf einige wenige wichtige Gruppen beschränkt haben, bei denen der allgemeine Wert am stärksten ausgeprägt ist. Tatsächlich würde man im Hinblick auf einen bescheidenen Rosengarten nicht viel falsch machen, wenn man seine Sortenauswahl auf Hybrid-Tees, Hybrid-Perpetuals und einige der Teesorten beschränken würde, mit einigen der Wichuraiana- und Rugosa-Hybriden *für* Spalier *und* Hecke .

Den Namen Hybrid Perpetual trägt eine riesige Gruppe von Rosen, die von verschiedenen Arten abgeleitet, gekreuzt und erneut gekreuzt wurden, bis die Abstammung in den meisten Fällen hoffnungslos verwickelt ist. Die „Perpetual"-Namenshälfte bedeutet, dass die Rose den ganzen Sommer über mehr oder weniger häufig blüht. Tatsächlich ist es in der Regel *weniger* .

Tees oder nach Tee duftende Chinarosen bilden eine besondere Gruppe, die leicht am charakteristischen Duft der Blüten und an der Glätte ihrer Blätter zu erkennen ist. Tees sind gewissermaßen die Aristokraten des Rosengartens. Sie blühen im Juni ohne großes Trompetengebrüll, wie die Perpetuals, aber sie bleiben beständig dabei, den ganzen Sommer über exquisite Blüten hervorzubringen, eine oder zwei auf einmal. Ihr einziger schwerwiegender Nachteil ist die mangelnde Widerstandsfähigkeit, die sie nur in geringem und sehr unterschiedlichem Maße besitzen; und sie müssen im Norden sehr sorgfältig geschützt werden, um sicher durch den Winter zu kommen. Obwohl ich gezwungen war, jeden Frühling neue Pflanzen zu kaufen, hätte ich keinen Rosengarten ohne Tees.

Ulrich Brunner, ein roter Hybrid Perpetual, der sich einen hervorragenden Ruf erworben hat. Der HP-Typ zeichnet sich durch Winterhärte und große Blühfreiheit im Juni aus. Danach müssen die Tees und Hybridtees den ganzen Sommer über die Last der Präsentation tragen.

Hybrid-Tees sind, wie der Name schon sagt, erfolgreiche Kreuzungen zwischen Tee und Rosen in der Hybrid-Perpetual-Gruppe. Diese Klasse kombiniert die Ausdauer des Tees mit dem kräftigeren Wuchs der Perpetuals, und daraus werden wir in den kommenden Jahren wahrscheinlich den Großteil unserer Gartenrosen ernten.

Die Moosrose, deren Vertreter Sie sicherlich in Ihrem Garten haben möchten, gehört zur Gruppe der Provence, wie aus der tabellarischen Einordnung am Ende dieses Kapitels hervorgeht. Wer kennt sie nicht, ihre wunderschönen Knospen inmitten moosbedeckter Stängel? Diese Rose weigerte sich, wie viele andere, die unsere Zuneigung nicht so sehr erobert hatte, standhaft, ihr Blut mit einer anderen Art zu vermischen, und behielt ihre guten und schlechten Seiten über dreihundert Jahre lang bei. Es ist ziemlich winterhart, aber eher anfällig für Mehltau.

Es gibt auch andere Rosen außerhalb der größeren und bekanntesten Gruppen – Rosen, die aufgrund eines überragenden Verdienstes in einer Richtung oder aufgrund vergangener Assoziationen eine starke Hand auf unser Herz legen und für eine dunkle Ecke davon plädieren neuen Rosengarten: die borstige schottische Rose, die duftenden Damaszener, die Sweetbrier oder Eglantine mit ihrem unnachahmlichen duftenden Laub, die Penzance Brier-Hybriden, die White Banksian der südlichen Gärten mit ihrem Veilchenduft, das Persergelb der Gärten unserer Großmütter und die hundertblättrige Kohlrose, Mutter des Mooses.

Kletterrosen kommen in vielen Gruppen vor – Wichuraiana, Ayrshire, Polyantha, Musk, Noisette und als Sportarten in den Gruppen Hybrid Perpetual, Tea und Hybrid Tea.

Es ist jedoch eine andere Klasse, nach der wir nach den idealen amerikanischen Rosen der Zukunft suchen könnten. Vor nicht allzu langer Zeit kamen drei einheimische Japaner zu uns: *Rosa wichuraiana*, *Rosa multiflora* und *Rosa rugosa*. Aus den ersten beiden haben unsere amerikanischen Züchter die Sorte Ramblers entwickelt, während aus der dritten so robuste Nachkommen wie Conrad F. Meyer hervorgegangen sind, vielleicht die ideale Heckenrose für unser nördliches Klima. Nach Einschätzung von Professor Charles S. Sargent, dem Dekan des amerikanischen Gartenbaus, wird es uns entlang der Linie der *Rugosa-* Hybriden gelingen, unsere Gärten mit großen, schönen, robusten und kontinuierlich blühenden Rosen zu füllen.

Das Klima im Süden und in Kalifornien scheint ideal für die Tees geeignet zu sein und bringt eine Fülle exquisiter Blüten hervor, die diejenigen von uns, die in anspruchsvolleren Umgebungen leben, mit Neid erfüllen. Im Süden gibt es auch die Cherokee-Rose (*Rosa lævigata).* oder *sinica*), die entlang von Straßenrändern und in großen Mengen in der Prärie gedeiht. Ihre langen, gewölbten Stängel tragen eine Fülle reinweißer, einzelner Blüten mit einem Durchmesser von 10 bis 12 cm in einem Rahmen aus leuchtendem, immergrünem Laub. Sie ist eine Hoffnung unserer amerikanischen Hybridisierer und zielt darauf ab, diese mit einer winterharten Rose zu kreuzen, um genügend Ausdauer für den Norden zu gewinnen.

Und draußen in Oregon wachsen die Hybrid Perpetuals und Hybrid Teas zu einer Größe und Schönheit heran, die weltweit ihresgleichen sucht. Im Bezirk Puget Sound kann praktisch jede Rosenart gezüchtet werden, und die Amateure dieser Gegend scheinen mit Rosenschädlingen genauso wenig Probleme zu haben wie wir hier mit unseren robusten Ziersträuchern.

Marechal Neil, eine zart kletternde Teerose mit dunkelgoldgelber Farbe, benötigt im Norden Winterschutz. Der Tee ist der Aristokrat des Rosengartens, unübertroffen für seinen zarten Duft, die raffinierte Form der einzelnen Blüten und seine kontinuierliche Blüte den ganzen Sommer über.

Um die ganze Angelegenheit der Klassifikation zusammenzufassen und die relativen Positionen vieler Gruppen zu zeigen, die aus Platzgründen oben nicht einmal erwähnt wurden, wird der folgende tabellarische Schlüssel angegeben – eine leicht modifizierte Form der Klassifikation in der Cyclopedia von Amerikanischer Gartenbau:

I. Sommerblühende Rosen, die nur einmal blühen

A. Großblumig (gefüllt).

1. Wuchs verzweigt oder hängend; Blatt faltig.

Provence

Moos

Pompon

Schwefelharnstoff

2. Wachstum fest und robust; Blatt flaumig.

Damast und Französisch

Hybrides Französisch

Hybride Provence

Hybrider Bourbon

Hybrides China

3. Wachstum frei; Blatt oben weißlich; rückgratlos. *Alba*

B. Kleinblütig (einzeln und gefüllt).

1. Wachstumsklettern; Blüten einzeln produziert.

Ayrshire

2. Wuchs im Allgemeinen kurzgliedrig, außer bei Alpen.

Briers

österreichisch

Österreichischer Scotch

ÖsterreichischSüß

ÖsterreichischerPenzance

Österreichische Prärie

ÖsterreichischAlpin

3. Wachstumsklettern; Blüten in Büscheln.

Österreichische *Multiflora*

ÖsterreichischePolyantha

4. Wachstum frei; Laub hartnäckig (mehr oder weniger glänzend).

Immergrün

Sempervirens

Sempervirens Wichuraiana

Sempervirens Cherokee

Sempervirens Banksian

5. Wachstum frei; Blätter faltig.

Sempervirens *Pompon*

II. Sommer- und Herbstblühende Rosen, die mehr oder weniger ununterbrochen blühen

A. Großblumig.

1. Laub sehr rau.

Hybrid-Perpetual

Hybrid-Tee

Moos

2. Laub rau.

Bourbon

Bourbon Perpetual

3. Laub glatt.

China

Tee

Lawrenceana (Fee)

B. Kleinblütig.

1. Laub laubabwerfend

A. Gewohnheitsklettern.

Moschus

Noisette

Ayrshire

Polyantha

Wichuraiana-Hybriden

B. Wuchs: Zwergförmig, buschig.

Ewige Briers

Rugosa

Lucida

Mikrophylla

Berberidifolia

Scotch

2. Laub mehr oder weniger hartnäckig.

Immergrün

Macartney

Wichuraiana

STANDORT UND BODEN

Wenn es ein Geheimnis im Zusammenhang mit dem Anbau schöner Rosen in Hülle und Fülle gibt, dann liegt es in der strikten Einhaltung einiger Grundprinzipien, durch die den Rosenpflanzen, oder wenn man so will, den Büschen, ein Standort und ein Boden gegeben wird, die sie als angenehm empfinden und nahrhaft. Wenn Sie vielleicht einen Moment lang gedacht haben, dass der Erfolg von einem bestimmten Insektizid zur Vernichtung der Blattläuse abhängt, von einer festen Regel für den Schnitt oder von der Verwendung eines Düngers mit magischen Eigenschaften, verwerfen Sie diesen Gedanken aus Ihrem Kopf. ein für alle Mal. Insektizide, sorgfältiger Schnitt und geeignete Düngung spielen in der Kampagne eine wichtige Rolle, aber darüber hinaus geht es um die Wahl des Standorts und die Vorbereitung des Gartens, in dem die Rosen wachsen sollen. Der Krieg gegen die Feinde der Rose kann nur ein einseitiger, aussichtsloser Kampf sein, wenn wir konsequent gegen die Natur arbeiten. Viel einfacher und sicherer werden unsere ersten Versuche sein, die Rosenpflanzen selbst so fest in einer gesunden, angenehmen Umgebung zu etablieren, dass sie und nicht wir die Hauptlast des Kampfes gegen die Insektenschädlinge tragen werden.

In China soll es früher einen Brauch gegeben haben, dass der Kaiser seinem Arzt ein gutes Gehalt zahlte, solange der Herrscher gesund blieb. Wenn er krank wurde, wurde die Bezahlung des Arztes eingestellt; Wenn er starb, fiel dem Praktizierenden der Kopf ab.

Seien Sie großzügig in der Menge an Gedanken und Sorgfalt, die Sie aufwenden, um Ihren Rosenpflanzen Gesundheit, Nahrung und Kraft zu verleihen, und infolgedessen müssen Sie sehr wenig Gedanken und Sorgfalt auf die Heilung von Krankheiten und das Abtöten von Rosenkäfern und Schnecken verwenden.

Lassen Sie uns zunächst auf die Situation eingehen. Leider haben die meisten von uns dabei wenig Spielraum, denn der durchschnittliche Vorstadtort ist nicht einer, der Hügel und Täler, windgepeitschte Freiflächen und warmen Schutz bietet. Der ideale Standort liegt weder auf einer Hügelkuppe, wo die Winterwinde unseren Winterschutz zerstören würden, noch in einer niedrigen Mulde, wo es immer häufiger zu Frösten kommt. Ein sanftes Gefälle nach Süden, weit über nahegelegenen Tiefpunkten, in die die kalte

Luft abfließen kann, und irgendwie vor dem Norden geschützt, wäre alles, was wir verlangen könnten. Bei diesem Unterschlupf stoßen wir jedoch auf eine weitere Schwierigkeit, denn unser Rosengarten muss weit entfernt von jeglichen Bäumen gehalten werden. Es ist allgemein bekannt, dass das Wurzelsystem eines Baumes in der Regel so weit aus der Basis herausragt, wie der Baum über den Boden ragt. Offensichtlich wäre es reine Zeit- und Mühenverschwendung, den Rosengarten dort anzusiedeln, wo die hungrigen Wurzeln der Bäume ihm die Nahrungsversorgung der Rosen entziehen würden. Im Allgemeinen müssen wir daher für unseren nötigen Schutz eine Hauswand oder eine Gartenmauer nutzen, obwohl wir im Bedarfsfall auch eine Mauer oder eine Eisenplatte als Barriere zwischen dem oberen, reichen Boden unserer Rose versenken könnten Beete und die Wurzeln der schützenden Bäume.

Killarney, die vergleichsweise neue Hybrid-Teerose mit ihrer wunderschönen muschelrosa Farbe, erfreut sich großer Beliebtheit. Der Hybrid Tea vereint in gewissem Maße die Widerstandsfähigkeit des Hybrid Perpetual mit der kontinuierlichen Blüte des Tees.

Es erübrigt sich vielleicht zu erwähnen, dass die Sonne unerlässlich ist, obwohl man feststellen wird, dass man bessere Gelegenheiten hat, die Rosen in ihrer schönsten Form zu genießen, wenn die Beete den ersten Teil des Morgens im Schatten stehen – bevor der Tau getrunken ist von ihren Blütenblättern durch die durstigen Mittsommerstrahlen.

Auf die Größe und Gestaltung des Rosenbeets kommt es vergleichsweise wenig an; Was jedoch wirklich wichtig ist, ist, dass die Rosen die Beete für sich haben dürfen – unbedingt. Aber kürzlich habe ich einen Artikel in einer Zeitschrift gelesen, der angeblich ein guter Rat für den Amateur im Rosenanbau ist. Darin tauchten Worte des Bedauerns darüber auf, dass die Rose notwendigerweise so kahle, dürre Stängel haben musste, und schlugen als Heilmittel den Anbau einer Weinrebe um die Basis des Busches vor – ich bin mir tatsächlich nicht sicher, ob das Geißblatt nicht speziell nach diesem benannt wurde Ort. Ich kann mir gut vorstellen, dass das Ergebnis ein sehr schönes Geißblatt sein wird, aber die Rose sollten wir dort vergeblich suchen.

Behalten Sie die Rosen allein; Sie werden nicht nur besser gedeihen, sondern ihre Schönheit scheint im Vergleich zu anderen Blumen auch nicht größer zu sein.

Die Königin der Blumen duldet keine Freiheiten dieser Art. Sie besteht darauf, allein in ihrer Herrlichkeit zu regieren, und wer es wagt, auch nur einen niedrig wachsenden Bodendecker mit flachen Wurzeln einzuführen, um das Rosenbeet weniger kahl erscheinen zu lassen, wird seine Rosen nie in ihrer schönsten Form sehen. Ich persönlich hatte nie das Gefühl, dass ein Rosengarten auch nur im Geringsten unattraktiv sein muss. Es gibt eine Art von Schönheit, die durch einen Teppich aus kriechenden Phloxen repräsentiert werden könnte; Es gibt noch eine andere, die zum Rosengarten gehört und hier und da, spärlich zwischen dem grünen Laub und den dornigen Stängeln, einzelne Blüten trägt. Im ersteren Fall betrachtet man die Massenwirkung, ohne an die Schönheit einzelner Blumen zu denken; Im letzteren Fall sucht der Blick instinktiv nach der einzelnen Blüte, um deren Schönheit und Duft in sich aufzunehmen. Ah, aber Sie sagen, wie wäre es mit der Zeit, in der keine einzige Rose in Sicht ist? Diese Zeit zwischen Frühling und Herbst muss nicht liegen, wenn Sie Ihren Rosengarten optimal bepflanzen. Es besteht weder eine Notwendigkeit noch einen Grund, alle im Juni blühenden Rosen zusammenzustellen und die Tees und Hybrid-Tees einzeln an einem anderen Ort zu platzieren. Wenn die remontierenden Arten in Ihrem Garten verstreut sind , müssen Sie zwischen Mai und Oktober nie vergeblich nach einer Rose suchen.

Auch die Form der Beete kann so gewählt werden, dass der Eindruck von „zu viel Schmutz" im Rosengarten vermieden wird. Ich für meinen Teil hätte einen rechteckigen Garten und einfache Parallelogramme für die Beete, obwohl der Rosengarten um ein zentrales Element seine starke Anziehungskraft hat. Wenn Sie die Beete jedoch in langen, schmalen Einheiten anordnen – 1,20 m breit für eine doppelte Pflanzenreihe oder 50 cm breit für eine einzelne Reihe – und so lang, wie es Ihr Geldbeutel zulässt, sollten Sie die Wege zwischen den Reihen aus Rasen und nicht aus Kies oder Kies usw. anordnen Ziegel und die Beete leicht unter diesem Rasen versenkt, muss der Rosengarten nie weniger attraktiv sein. Vermeiden Sie Beete, die breiter sind, als zwei Pflanzenreihen Platz bieten, denn es ist wichtig, dass jeder Rosenstrauch im Garten sofort über einen Weg erreichbar ist.

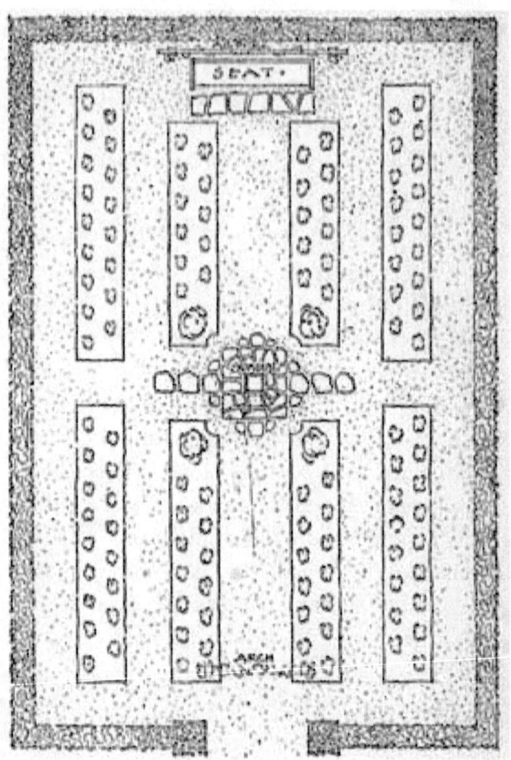

Ein Vorschlag für einen rechteckigen Rosengarten mit Rasenwegen. Die Beete sind etwa 100 Zentimeter breit, die Wege etwa 120 Zentimeter, mit Ausnahme des mittleren, der 1,5 Meter breit ist. Eine Hecke, beispielsweise aus *Rugosa* , sorgt für eine wünschenswerte Atmosphäre der Abgeschiedenheit.

Allen sehr praktisch veranlagten Menschen, die sich dagegen wehren, beim morgendlichen Rundgang durch den Rosengarten über taunasse Wege zu gehen, möchte ich darauf hinweisen, dass es offensichtlich unmöglich ist, direkt an die Rosenbeete angrenzende Kieswege zu haben, und auf die anhaltende Sorgfalt achtet, die erforderlich ist, um sie in einem zu halten Vorzeigbarer Zustand, ein schmaler Rasenstreifen zwischen Weg und Beet.

Nun zur Vorbereitung des Rosenbeets selbst. Graben Sie den Boden zunächst bis zu einer Tiefe von mindestens 60 cm aus und halten Sie die oberste Erdschicht, die Grasnarben und den Unterboden beim Herausnehmen in getrennten Haufen. Lockern Sie den Boden des Grabens mit einer Hacke auf und legen Sie darauf eine Schicht aus Steinen, Asche und anderem Material, das sich nicht zersetzt, wenn der Boden entwässert werden muss, was bei einer kompakten, durchnässten Oberfläche der Fall ist. Darauf wird das Beste aus dem Untergrund mit einer großzügigen Beizmischung aus gut verfaultem Mist verteilt. Zum Schluss die gut zerkleinerte Grasnarbe und die ebenfalls mit Mist angereicherte Muttererde hinzufügen. Füllen Sie dann das Beet mit genügend guter, unverdünnter Muttererde auf, so dass es zwei bis drei Zoll über der angrenzenden Oberfläche liegt. Stellen Sie sicher, dass die Oberfläche des Beetes nach dem Absetzen etwa 2,5 cm unter der der angrenzenden Grasnarbe liegt, um die Feuchtigkeit vom Regen zurückzuhalten. Diese Vorbereitung des Beetes sollte mindestens einige Wochen vor der Pflanzung erfolgen.

Bei der Zusammenstellung des Bodens für das Rosenbeet ist zu bedenken, dass die Hybrid Perpetuals einen schweren Boden mit etwas Ton benötigen. Für Tees und Hybridtees ist ein leichterer, wärmerer Boden besser. In seinem bewundernswertesten „Buch der Rose" erzählt Rev. Andrew Foster- Melliar eine amüsante Begebenheit im Zusammenhang mit Erde. Der gute Pfarrer aß gerade auswärts und bekam eine großzügige Portion Plumpudding serviert. Es war sehr dunkel, reichhaltig, stark und fettig. Geistesabwesend lehnte er sich in seinem Stuhl zurück und blickte aufmerksam auf die Schüssel. Seine Gastgeberin bemerkte sein Zögern und fragte, ob mit dem Pudding etwas nicht stimmte. „Oh nein", antwortete der Pfarrer gedankenlos, „ich habe darüber nachgedacht, was für ein seltenes Zeug es wäre, Rosen zu züchten."

Der Mutterboden einer alten Weide, wenn es sich um einen mäßig schweren Lehm handelt, der mit den Graswurzeln entnommen und sehr fein gehackt wird, eignet sich hervorragend für die Hybrid Perpetuals. Mischen Sie bei Tees und Hybrid-Tees etwa ein Viertel der Erde mit Sand und Blattschimmel, um sie aufzulockern. Denken Sie daran, dass der gesamte verwendete Mist in die unteren zwei Drittel des Beetes eingearbeitet werden sollte; Das obere Drittel sollte keinen kürzlich hinzugefügten Mist enthalten, da dieser die Wurzeln neuer Pflanzen schädigen kann.

VORBEREITUNG UND PFLANZUNG

In der Nähe von New York und weiter nördlich wird man meiner Meinung nach feststellen, dass die Frühjahrspflanzung am besten ist. Südlich von Philadelphia werden im Herbst viele Rosen gepflanzt, denn hier haben sie sich gut etabliert, bevor das kalte Wetter einsetzt, und sind daher bereit, mit dem ersten Anbruch des Frühlings mit dem aktiven Wachstum zu beginnen.

Wenn Sie sich für die Frühjahrspflanzung entscheiden, müssen die Pflanzen früh – bei allererster Gelegenheit – in die Erde gesetzt werden, damit sie Zeit haben, sich vor dem heißen Wetter fest zu etablieren. Natürlich können Topfpflanzen aus dem Gewächshaus erst dann ins Freie gebracht werden, wenn keine Frostgefahr mehr besteht. Von Rosen, die so spät gepflanzt werden, ist nicht zu erwarten, dass sie im ersten Jahr wirklich zufriedenstellende Blütenergebnisse zeigen. Rosen, die früh im Frühjahr gepflanzt werden, wenn sie wie unten beschrieben im Freiland angebaut werden, werden bei richtiger Kultivierung im ersten Jahr zumindest eine angemessene Menge an Blüten liefern, wenn auch nicht so viel wie in späteren Jahren.

Man hört viele Diskussionen über die Frage, ob Rosen am besten auf ihren eigenen Wurzeln wachsen oder auf einem stabileren Stamm, wie Manetti für Hybrid Perpetuals und Brier für Hybrid Teas, die wahrscheinlich die besten Rosenstämme für dieses Land sind . Es scheint allgemeiner Konsens darüber zu herrschen, dass Rosen, die auf diesen Beständen keimen, viel üppiger gedeihen und viel bessere Blüten hervorbringen als solche, die auf ihr eigenes Wurzelsystem angewiesen sind. Es ist jedoch notwendig, den Punkt festzulegen, an dem der Spross am Stamm knospen soll, etwa fünf Zentimeter unter der Oberfläche; Andernfalls besteht ständig die Gefahr, dass aus der Wurzel Triebe entstehen, die, wenn man sie eine Zeit lang übersieht, die begehrteren Triebe absterben lassen.

Für den Ausflug im Frühjahr werden von den Händlern verschiedene Rosensorten angeboten. Es gibt die oben erwähnten Topfrosen – die einzige Form, in der viele der Kletterrosen leicht zu bekommen sind. Versandhäuser verschicken die Hybrid Perpetuals, Hybrid Teas und Tees auch in dieser Form sehr junger Pflanzen, die im Winter aus Stecklingen unter Glas gezogen werden. Kostenintensiver und sicherlich weitaus zuverlässiger sind die im Freiland angebauten Rosen, die ursprünglich auf Manetti- oder Dornsträuchern geknostet und, normalerweise in zweijähriger Form, im vorherigen Herbst in der Ruhephase aus dem Boden genommen wurden, um in der Kälte zu liegen Häuser bis zur Bepflanzung. Solche Rosen werden mit Sicherheit in der ersten Saison blühen und sind weitaus besser für den Schock gerüstet, wieder ins Freiland gesetzt zu werden, als Topfpflanzen, die noch nie einen Eindruck vom echten Gartenleben hatten.

Eine Warnung könnte vor den billigen Rosen aus *Multiflora*- Sorten ausgesprochen werden, die in Holland gezüchtet und in einigen Kaufhäusern verkauft werden. Sie sind kurzlebig und im Vergleich zu Pflanzen auf Dornbusch und Manetti sehr dürftig . *Multiflora* wurde von englischen und irischen Erzeugern vollständig als Stammpflanze verworfen.

Rosen an ihren eigenen Wurzeln haben den Vorteil, dass sie billiger sind, da die Arbeit beim Schneiden von Stecklingen statt beim Austreiben gespart wird – einjährige Pflanzen kosten für sechs bis ein Dutzend einen Dollar; Zwei- und dreijährige Büsche, die natürlich weitaus begehrenswerter sind, kosten im Verhältnis mehr. Ruhende, im Freiland gewachsene

Knospenrosen kosten in der Größe von zwei Jahren zwischen fünfunddreißig Cent und einem Dollar pro Stück.

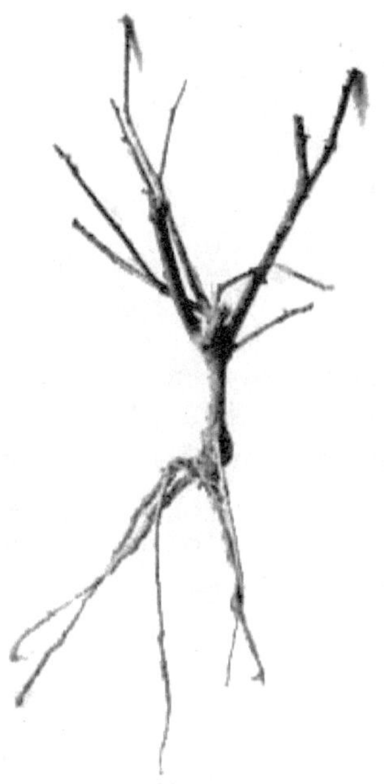

Eine ruhende Teerose, wie sie vom Züchter zur Pflanzung im März erhalten wird. Nach dem Pflanzen sollte noch ein weiterer Schnitt erfolgen.

Bevor Sie die Pflanze setzen, untersuchen Sie sie sorgfältig und schneiden Sie mit einem scharfen Messer die abgebrochenen Wurzeln sowie eventuell am Wurzelstock sichtbare Augen ab, um Ausläufern vorzubeugen. Die Pflanzen sollten sofort nach Erhalt vom Gärtner gesetzt werden, damit sie nicht austrocknen. Wenn sie trocken erscheinen, kann es sinnvoll sein, die Wurzeln kurz vor dem Abbinden in dünnem Schlamm anzufeuchten. Machen Sie das Loch groß genug, um alle Wurzeln der Pflanze aufzunehmen, ohne sich zu drängen. Denken Sie daran, den Knospungspunkt nicht weniger als fünf Zentimeter unter der Oberfläche zu platzieren und die Wurzeln nahezu horizontal auszubreiten, aber zu ihren Enden hin nach unten zu neigen, ohne sie zu kreuzen ein anderer. Das wird keine leichte Sache sein, denn beim Versand werden die Wurzeln wahrscheinlich so zusammengedrückt sein, dass sie fast direkt vom Kragen nach unten reichen. Nachdem die Pflanzen fest sitzen und die Erde sorgfältig um die Wurzeln herum verdichtet wurde, harken Sie den Boden, um ihn vollflächig aufzulockern. Der Boden wird zu diesem Zeitpunkt wahrscheinlich feucht genug sein, sodass keine Bewässerung erforderlich ist.

Bei den Topfpflanzen wird der feuchte Erdball, der sich über die Wurzeln bildet, sorgfältig intakt gehalten und in das für die Pflanze vorbereitete Loch gelegt. Setzen Sie die Pflanze durch Druck mit den Schuhsohlen fest an, gießen Sie großzügig und lockern Sie abschließend die Erdoberfläche mit einem Rechen auf.

Es ist unbedingt erforderlich, die Bodenoberfläche den ganzen Sommer über mit einer Hacke und einem scharfen Stahlrechen aufzulockern. Lockern Sie den Boden nach sehr starkem Regen, sobald er trocken genug ist, um die Feuchtigkeit zu bewahren.

DÜNGEN

Im auffälligen Kontrast zur exquisiten Schönheit der Rose steht die Nahrung, die wir ihr in Hülle und Fülle geben müssen, wenn wir die gesündesten Pflanzen haben wollen. Aber für den echten Rosenliebhaber hat das Umwälzen eines Misthaufens, um Mist in genau der richtigen Form zu finden, oder das Verdünnen der Nebenprodukte des Kuhstalls mit Wasser, um das beste Stimulans herzustellen, nichts an sich am wenigsten zu beanstanden.

Wenn der uns zur Verfügung stehende Boden dazu neigt, reich an Lehm zu sein, können wir wahrscheinlich nichts Besseres tun, als ihm gut zersetzten Stallmist hinzuzufügen, indem wir ihn im zeitigen Frühjahr gut pulverisiert in die Oberfläche einharken. Bei sandigen oder kiesigen Böden ist Kuhmist oder Mist aus dem Schweinestall jedoch weitaus besser geeignet. Es ist zu bedenken, dass die Rosenpflanze bei richtiger Pflanzung vergleichsweise flache Wurzeln hat, so dass das Einharken von feinem altem Mist in den Boden genau das sein muss und nicht das tiefe Eingraben von halbverrottetem Mist *in* das Beet mit einem Spaten -Gabel. Das Ziel der empfohlenen Methode besteht darin, den Festmist dorthin zu bringen, wo ihn der Frühlingsregen rechtzeitig zu den Nahrungswurzeln transportiert, und zwar in flüssiger Form, in der er leicht assimiliert werden kann.

Die Theorie dieser Güllefütterung wird die Tatsache verdeutlichen, dass eine ordnungsgemäße Ausbringung von Gülle praktisch alle Vorteile der erstgenannten Methode ohne deren Nachteile mit sich bringt. Denn wenn fester Dünger in ausreichenden Mengen auf die Beete aufgetragen wird, um einen echten Wert zu haben, neigt er dazu, die benötigte Luft aus dem Oberboden fernzuhalten und eine Fülle von Unkraut mit sich zu bringen, das schwer zu vernichten ist. Mit Ausnahme von leicht sandigen Böden, auf denen Humus benötigt wird, ist es daher ratsam, den Rosengarten mit flüssiger Nahrung zu versorgen.

Der Zeitpunkt, zu dem dieses Stimulans am wirksamsten ist, sind die Monate Mai und Juni, wenn die meisten Pflanzen ihre ganze Kraft in die Knospenbildung stecken. Halten Sie die Flüssigkeit in Trockenperioden zurück, da sie direkt nach einem kräftigen, durchnässten Regen am meisten geschätzt wird.

Vermeiden Sie, dass der Mist auf das Laub gelangt, und stellen Sie sicher, dass er eher schwach als stark ist. Wenn man einen Leinensack mit einem Scheffel Kuhmist zwei Tage lang in einem Fass Wasser aufhängt, erhält man eine Lösung, die mit der eigenen Menge Wasser verdünnt werden muss. Eine halbe Gallone pro Pflanze pro Woche reicht als normale Düngung aus.

Unmittelbar nach der Dosierung werden die Beete mit einem Rechen oder einer Zinkenhacke bearbeitet und die Oberfläche aufgelockert, um eine Verdunstung zu verhindern.

Ein wichtiges Prinzip bei der Fütterung von Rosenpflanzen scheint von sieben von zehn Hobbygärtnern instinktiv übersehen zu werden. Es ist so: Eine stark wachsende, gesunde Pflanze braucht und wird eine große Menge Gülle aufnehmen; Eine kränkliche oder noch nicht gut etablierte Pflanze benötigt nicht einmal die normale Menge dieser Nahrung und kann sie auch nicht aufnehmen. Doch wie oft geraten wir in die Versuchung, diesem Schwächling übermäßig viel Nahrung zu geben und dem nahe gelegenen, robusten Busch die Nahrung vorzuenthalten, weil dieser „es nicht braucht". Denken Sie daran, dass wir Burgunder nicht einem schwächlichen Kind geben, das mit den Folgen der Unterernährung zu kämpfen hat, sondern dass ein gesunder, heranwachsender Junge erstaunliche Mengen an Essen und Trinken zu sich nehmen kann.

Um die Düngeaktivitäten des Jahres noch einmal Revue passieren zu lassen: Lassen Sie uns im Herbst eine Deckdüngung aus grobem Mist über die Beete legen, etwa sieben Zentimeter tief, um dort, wo das Klima es erfordert, zusätzlichen Schutz zu bieten. Im Frühjahr werden wir den groben Teil dieser Abdeckung abharken und den fein pulverisierten Mist zurücklassen, um ihn vorsichtig in den oberen Boden einzuharken, wenn er diesen zusätzlichen Humus benötigt (der Nährwert des Mists wird durch den Regen und Schnee des Winters heruntergespült). . Wenn unser Boden lehmig ist, wird die gesamte Düngung abgehackt. Im Mai und Juni erfolgt die großzügige Ausbringung der Gülle, und bei den Tees und Dauerblumen, die tatsächlich noch blühen, kann diese Ausbringung durchaus den ganzen Sommer über in selteneren Abständen fortgesetzt werden und Ende August aufhören, sagen wir mal sagen wir, um das Holzwachstum im Spätsommer nicht unnötig zu fördern.

Obwohl aller Wahrscheinlichkeit nach nicht viele von uns die ungewöhnliche Bedingung erfüllen werden, für ihre Rosengärten nur einen überdüngten

Boden in einem seit langem genutzten Garten zu haben, kann es gut sein, die Tatsache zu erwähnen, dass ein solcher Boden nichts Gutes hervorbringen wird Rosen. Die Behandlung mit Kalk hilft eine Zeit lang, aber wenn es im Rahmen der Möglichkeiten liegt, sollten wir den Garten mit jungfräulicher Erde neu anlegen.

Der Einsatz von Natron und ähnlichen Stimulanzien kann im Frühjahr sparsam erfolgen, doch sollte man diese besser den Gärtnern überlassen, die möglicherweise durch katastrophale Erfahrungen gelernt haben, wie man sie richtig anwendet.

BESCHNEIDUNG

Die Rose gehört zu den Pflanzen, die scheinbar die feste Hand des Menschen brauchen, um sie in die richtige Richtung zu lenken. Wenn man sie sich selbst überlässt, verfallen die meisten hochkultivierten Rosen schnell zu niedrigeren Sorten; Sie brauchen das erbarmungslose Gartenmesser, das sie zu ihrem besten Unterfangen anspornt.

Es ist leicht zu erkennen, dass ein strenger Schnitt grundsätzlich zu einer größeren Schönheit der einzelnen Blüten führt, während ein leichter Schnitt auf Kosten der Blüten zu einer runderen Strauchform führt. Oder, noch einmal: Der strenge Schnitt führt zu einer Qualität der Blüte und nicht zu einer Quantität der Blüte.

Schneiden Sie die Pflanzen immer stark zurück, wenn Sie sie zum ersten Mal pflanzen – Tees und Hybrid-Tees weniger als die Hybrid-Tees und die Kletterpflanzen am allerwenigsten.

So unvernünftig es auch erscheinen mag, die Pflanzen mit kräftigem Wuchs müssen weniger beschnitten werden als die weniger aktiven.

Bei den Zwerg-Hybriden kann mit dem Beschneiden im März begonnen werden – es bleiben vier bis fünf Stängel von einem Meter Länge übrig, wenn große Mengen an Blüten gewünscht werden. Das Ergebnis wird eine große Anzahl kleiner Blüten sein. Wenn hingegen weniger und größere Blüten gewünscht werden, sollten alle schwachen Triebe entfernt und alle gesunden Triebe erhalten und zurückgeschnitten werden, um die Entwicklung der Pflanze vorzubereiten. Bei den Schwächsten sollten nicht mehr als zehn Zentimeter Holz an der Wurzel verbleiben, während bei den Stärksten vielleicht zwanzig bis neun Zentimeter Holz übrig bleiben. Schneiden Sie einen Stock immer etwa einen Viertel Zoll über einer Außenknospe ab, es sei denn, der Stock ist sehr weit von der Vertikalen entfernt, dann sollte ein Innenstock für den Endtrieb übrig bleiben. Achten Sie darauf, dass das Holz bei der Operation nicht zerreißt oder gequetscht wird.

Das Beschneiden von Teehybriden und Teesorten sollte besser aufgeschoben werden, bis die ersten Lebenszeichen sichtbar werden. Die Rinde wird grüner und die ruhenden Knospen beginnen anzuschwellen. Abgestorbenes oder absterbendes Holz ist dann leicht erkennbar und kann entfernt werden. Denken Sie daran, dass diese beiden Klassen nicht so stark beschnitten werden müssen wie die Hybrid Perpetuals; Wenn es erfolgversprechend erscheint, kann getrost die doppelte Holzmenge übrig bleiben.

Ruhende Rosenpflanzen, die im Frühjahr gekauft wurden, kommen vom Züchter bereits teilweise beschnitten an. Im Allgemeinen sollten beim Aufstellen der Pflanzen die Hälfte bis zwei Drittel der verbleibenden Länge des Zuckerrohrs abgeschnitten werden, wobei sämtliches gequetschtes oder abgestorbenes Holz vollständig entfernt werden sollte. Denken Sie immer daran, dass sich die stärksten ruhenden Knospen am nächsten an der Basis der Pflanze befinden, wenn Ihr Gewissen sich über solch einen harten Schnitt ärgert, und dass wir diese zum Wachstum zwingen wollen, damit sie die preisgekrönten Blüten hervorbringen.

Bei den Ramblern ist nur sehr wenig Schnitt nötig; Schneiden Sie lediglich die Triebe zurück, die scheinbar zu weit über ihre Nachbarn hinausragen, und schneiden Sie die abgestorbenen Stöcke vollständig heraus.

Die *Rugosa* soll eher ein Strauch als eine starke, schlanke Pflanze sein, die prächtig blüht. Schneiden Sie lediglich altes, trockenes Holz ab und schneiden Sie die längeren Triebe auf die gewünschte Form zurück.

Benutzen Sie eine erstklassige Astschere, damit die Arbeit schnell und vor allem mit sauberen Schnitten erledigt werden kann, die kein Einreißen oder Abrieb der Rinde zeigen.

Schädlinge

Lassen Sie mich noch einmal darauf hinweisen, dass die bei weitem wirksamste Bekämpfung von Insekten und anderen Schädlingen, die Rosenpflanzen befallen, nicht im Besprühen und Bestäuben zu finden ist, sondern darin, den Gesundheitszustand so gut wie möglich aufrechtzuerhalten die Pflanze selbst. Vorbeugen ist hier wie immer besser als heilen. Es kann auch nicht genug betont werden, dass die tägliche Anwendung eines kräftigen, aber fein verteilten Sprays aus dem Schlauch praktisch allen Parasiten das Leben auf der Rosenpflanze zur Hölle macht.

Im Folgenden sind die Hauptfeinde aufgeführt, denen wir im Rosengarten begegnen können. Sie werden kurz beschrieben, damit sie bei ihrer Entdeckung erkennbar sind, und um sie zu vernichten oder in Schach zu halten, wird eines der vielen Heilmittel gegeben. Praktisch jeder Rosenzüchter entwickelt mit der Zeit seine eigenen Lieblingsformeln für diese Gifte, so dass Rosenbücher eine wunderbar vielfältige Auswahl an Waffen enthalten – so zahlreich, dass man meinen könnte, die Armee der Rosenschädlinge könnte nie überleben setzen ihre Plünderungen eine weitere Saison lang fort.

Aphis oder Grüne Fliege

Eine kleine, blassgrüne Laus, geflügelt oder flügellos, mit einem weichen, dicken, ovalen Körper, der offenbar zu groß für seine Beine ist. Eine einzelne Blattlaus kann in fünf Generationen zum Stammvater von 6.000.000.000 werden.

Tabakrauch ist eine ausgezeichnete Waffe, oder, wenn ein Spray bequemer anzuwenden ist, eine Lösung aus 4 oz. 10 Min. gekochte Tabakstiele. in 1 Gallone. weiches Wasser reicht aus. Der Tabak kann durch das gleiche Gewicht an Quassia-Chips ersetzt werden. Wenn der Tabak verwendet wird, ist der billigste, der gekauft werden kann, der beste für den Zweck. Die Lösung abseihen und 4 Unzen hinzufügen. Etwas Schmierseife, solange es noch heiß ist, gut umrühren, um die Seife aufzulösen.

Ein weiteres Mittel – 1 qt. weiche Seife, gekocht in 2 qt . weiches Wasser, Zugabe von 1 Pt. Es wird dringend empfohlen, vor dem Abkühlen Paraffin aufzutragen. Es sollte mit weichem Wasser auf das Zehnfache seiner Menge verdünnt aufgetragen werden. Das Paraffin wirkt adstringierend und reinigt zusammen mit der Schmierseife die Pflanze vom Honigtau, den die Blattlaus ausscheidet, um ihre Füße vor Kälte und Nässe zu schützen.

Mehltau

Eine Pilzkrankheit, die auftreten kann, wenn die Rosenpflanzen an einem feuchten, schattigen oder schlecht belüfteten Standort stehen. Obwohl einige Sorten anfälliger für diese Krankheit sind als andere, wird der Rosengarten im Freien, wo die Luft ungehindert zugänglich ist, kaum von Mehltau befallen. Wenn die Krankheit im Spätherbst auftritt, muss man sich keine Sorgen machen.

Das Bestäuben der Blätter mit Schwefelblüten , wobei darauf zu achten ist, dass sowohl die Unterseite als auch die Oberseite der Blätter und der Boden rund um die Pflanzen erreicht werden , ist ein bewährtes Mittel. Es ist praktisch, das Pulver aus einer Backpulverdose zu schütteln, deren Ende mit Löchern versehen ist, wenn keine normale Pulverpistole zur Hand ist. Verwenden Sie den Schwefel am frühen Morgen, wenn der Tau ihn auf den Blättern hält, oder besprühen Sie die Pflanzen vorher mit Wasser.

Rosenthrip

Ein kleines, gelblich-weißes Insekt mit transparenten Flügeln, das normalerweise auf der Unterseite *der* Rosenblätter zu finden ist. Dieser Schädling tritt in Schwärmen auf und verfärbt das Laub in erstaunlich kurzer Zeit gelb.

Wenn der Schädling auftritt, besprühen Sie die Rosenpflanzen täglich mit einem Schlauch, wie oben vorgeschlagen. Wenn dies nicht hilft, bestäuben Sie die Unterseite der Blätter mit einer Pulverpistole mit weißem Nieswurz. Walöl-Seifenlösung, im Verhältnis 5 oz. Seife auf 1 Gallone. Wasser ist ein sehr gutes Mittel. Wenn das Wasser heiß ist, lässt sich die Seife leichter auflösen.

Rosenraupe oder Blattroller

Es können verschiedene Arten von Raupen auftreten, die zwischen einem halben und einem dreiviertel Zoll lang sind und entweder eine grüne, gelbe oder braune Farbe haben. Sie haben die Angewohnheit, sich in die Rosenblätter einzuhüllen oder sich in die Blütenknospen einzudringen. Im letzteren Fall besteht die Gefahr, dass sie übersehen werden.

Pulverisierte Nieswurz wird ihr Fortkommen behindern, aber die bei weitem effektivsten Waffen sind Finger und Daumen – wenn Sie darauf bestehen, Handschuhe.

Rosenkäfer oder Rosenkäfer

Dieser weniger als einen halben Zoll lange braune Käfer ist einer der bekanntesten Rosenschädlinge. Es ist ein sich langsam bewegendes Geschöpf, das in der Blütezeit im Juni plötzlich in Heerscharen auftaucht und umso ärgerlicher ist, als es seine Aufmerksamkeit fast ausschließlich den Blumen selbst widmet.

Pariser Grün, das über die Pflanzen gestreut wird, wird den Schädling töten, aber dieses Gift hat die unangenehme Art, bei der Wahl seiner Opfer kein intelligentes Unterscheidungsvermögen an den Tag zu legen. Die wirklich einzig zufriedenstellende Angriffsmethode besteht darin, die dummen Kreaturen von den Blumen in eine Dose mit Kerosin zu werfen und sie dann zu verbrennen.

Rosenschnecke

Die Larven einer Sägefliege, die im Mai und Juni aus dem Boden schlüpft. Das Weibchen macht Einschnitte in die Blätter und legt ihre Eier ab, die nach etwa zwei Wochen schlüpfen. Wenn die Schnecken nicht kontrolliert werden, fressen sie eine erstaunliche Menge Blätter. Sie sind etwa einen halben Zoll lang, grün und befinden sich auf der Oberseite des Blattes.

Pulverförmige weiße Nieswurz, die auf das Laub gestäubt wird, oder die für den Rosenthrip erwähnte Lösung aus Walölseife halten ihn in Schach.

Weißer Grub

Ein unterirdischer Feind, der sich von den Wurzeln von Rosenpflanzen ernährt. Das Verwelken oder die Krankheit der Pflanze ist ein ausreichender Grund, eine gründliche Suche durch Herausheben zu veranlassen. Der Engerling, der in der Nähe des Kopfes sechs Beine hat und sich im Ruhezustand halbmondförmig zusammenrollt, liebt Erdbeerpflanzen besonders gern, daher empfiehlt es sich, diese in einiger Entfernung vom Rosengarten zu halten.

Aufgrund des unterirdischen Angriffspunkts gibt es kein wirksames Insektizid. Das Einzige, was man tun kann, ist das Anheben der Pflanze und das Entfernen der Maden.

Rindenlaus oder Weiße Schuppen

Dies tritt auf, wenn der Rosenstrauch an einem feuchten, schattigen Ort wächst. Es ist schneeweiß und einzelne Schuppen haben einen Durchmesser von etwa einem Zehntel Zoll und sind unregelmäßig rund.

Stark befallene Triebe abschneiden und verbrennen. Mit 1 Pfund Seife in 1 Gallone besprühen. Wasser im frühen Winter und erneut im frühen Frühling. Es können auch schwächere Sommeranwendungen verwendet werden – 1 Pfund in 4 oder 6 Gallonen. Einmal in drei Wochen während der gesamten Saison werden alle Larven erreicht .

Unsere Verbündeten

Es ist gut, sich daran zu erinnern, dass es in der niederen Tierwelt sowohl Freunde als auch Feinde der Rose gibt – insbesondere die Kröte, den Marienkäfer, den Bodenvogel und die Schwalbe. Die Kröte wird manchmal von englischen Gärtnern aus der Ferne mitgebracht, um den Kampf gegen die Schädlinge zu unterstützen; Der Marienkäfer kann glücklicherweise vorbeigehen, wenn er gesehen wird; Und es könnte gut sein, zu versuchen, die Vögel in den Rosengarten zu locken, indem man dort täglich ein paar Krümel ausstreut – nicht zu viele, aber gerade genug, um einen echten Appetit auf Insektenschädlinge zu wecken.

VERMEHRUNG

Die Vermehrung des eigenen Bestandes ist eine Aufgabe, für die der Experte besser geeignet ist als der Anfänger, für den dieses Buch geschrieben ist. Dennoch bezweifle ich, dass der Amateur sein erstes Jahr im Rosenanbau verbringen wird, ohne den Versuch zu unternehmen, den Bestand der Rosen zu vermehren, die bei ihm am erfolgreichsten waren, oder eine erlesene Sorte aus dem Garten eines Freundes auf der Pflegestelle zu züchten - Elternbestand für seinen eigenen Platz.

Während in England der Prozess der Knospenbildung bei Amateur- und Profi-Rosariern gleichermaßen sehr weit verbreitet und mit ziemlichem Erfolg durchgeführt wird, scheint diese Art der Vermehrung bei uns mit größeren Schwierigkeiten behaftet zu sein. Mit Ausnahme von Sorten, die nicht leicht durch Stecklinge wurzeln, wird diese letztere Vermehrungsmethode im Allgemeinen dort angewendet, wo Rosen mit eigenen Wurzeln gewünscht werden.

Der beste Zeitpunkt für die Stecklingsentnahme einer Pflanze ist gegen Ende des Sommers, wenn das reife Holz des diesjährigen Wachstums zur Verfügung steht. Zehn Zoll sind eine geeignete Länge für die Stücke, und einige Rosenkranzbeschwörer sind der Meinung, dass die Wahrscheinlichkeit einer Wurzelbildung größer ist, wenn ein „Absatz" oder ein Teil des älteren Holzes am unteren Ende verbleibt. Entfernen Sie alle bis auf die beiden oberen Blätter und setzen Sie den Steckling in eine leichte Erde oder sogar in reinen Sand, sodass nur die beiden oberen Knospen freiliegen. Lassen Sie die Stecklinge bis zum darauffolgenden Herbst im Boden, dann können die bereits bewurzelten Stecklinge umgepflanzt und in geringerer Tiefe in ihre Dauerquartiere gepflanzt werden.

Das Austreiben ist ein weitaus interessanterer Prozess, und dadurch erhalten wir möglicherweise kräftigere Rosen auf einem Stamm wie Manetti oder Dornbusch. Sie benötigen ein sehr scharfes Messer und etwas Bast, um die Knospe sicher im Sud zu befestigen. Im Rahmen des begrenzten Umfangs dieses Buches kann ich die allgemeine Vorgehensweise nur sehr grob beschreiben, und in der Tat lässt sich das Knospen sehr viel leichter erlernen, wenn man einem erfahrenen Rosenkranz dabei zusieht, als wenn man viele Seiten mit Beschreibungen liest. Kurz gesagt, eine Knospe, die unter jedem Blattstiel zu finden ist, wird mit ihrer umgebenden Rinde und dem Holzrücken sorgfältig vom halbreifen Stiel der zu vermehrenden Sorte abgeschnitten, wobei der Blattstiel an Ort und Stelle belassen wird, um als Pflanze zu dienen handhaben. Dies geschieht wahrscheinlich am besten im Juli. Nach dem vorsichtigen Entfernen des Holzrückens von der Rinde und der Knospe werden diese in einen T-förmigen Einschnitt in den Stielschaft geschoben, wobei dieser Einschnitt durch die Rinde bis zum eigentlichen Holz des Stiels erfolgen muss. Die Knospe und ihre tragende Rinde werden zwischen Holz und Rinde des Stammes gesteckt, wobei letzterer dann mit einigen Windungen Bast umwickelt wird, um die Knospe an Ort und Stelle zu halten. Nach einem Monat hat sich die Knospe entweder festgesetzt oder ist versagt, und die Bindung kann entfernt werden.

Die Rosenpflanzen, die wir bereits mit Knospen auf Manetti- oder Dornsträuchern kaufen, werden auf diese Weise hergestellt, mit der Ausnahme, dass die Knospe sehr tief in den Bestand eingesetzt wird, so dass die Verbindung unter der Erde liegt. Dies ist der wünschenswertere Ort für die Knospenbildung, denn wenn wir die Triebe so abschneiden, wie sie erscheinen mögen, stellen wir sicher, dass die Pflanze über der Erde nur die Triebe der gewünschten Sorte aufweist.

Ein Spross einer verbesserten Rosensorte, der mit Bast auf den Stamm eines robusten Gewächses wie Manetti gepfropft und an Ort und Stelle gehalten wird . Auf der rechten Seite befindet sich ein „Ausläufer" oder Auswuchs aus der Wurzel, der abgeschnitten werden muss, sobald er erscheint.

Die Veredelung erfolgt nur bei unter Glas kultivierten Rosen, wenn die Triebe zu diesem Zweck in Manetti- Stämme oder in Töpfen gewachsene Dornensträucher gespalten werden.

Die Schichtung wird als Mittel zur Bestandsvermehrung nur bei Rosen eingesetzt, die nicht so leicht aus Stecklingen hervorgehen. Dabei wird ein langer Trieb nach unten gebogen, sodass ein Teil davon unter der Erde befestigt werden kann, um dort Wurzeln zu schlagen.

Die Vermehrung durch Samen beschränkt sich auf die Bemühungen, nach gegenseitiger Befruchtung neue Sorten zu erhalten, und ist ein entmutigend langsamer und unsicherer Prozess.

WINTERSCHUTZ

Es wird ein großer Tag für Hobby-Rosarienzüchter sein, wenn die bestehenden Favoriten unter den Rosenpflanzen durch Kreuzungen so verbessert werden, dass wir alle Wintermäntel aus Stroh, Gestrüpp und Erde weglassen können, mit der glücklichen Gewissheit, dass der Frühling dies tun wird Finden Sie im Rosengarten so viele lebende Pflanzen, wie wir uns in der vergangenen Saison gefreut haben.

In England ist die „Standard"-Rose mit einem langen Stammstamm weit verbreitet. Bei uns kommt es wegen der Mühe eines richtigen Winterschutzes seltener vor.

Obwohl die Hybrid Perpetuals größtenteils robust genug sind, um einen gewöhnlichen Winter ungeschützt zu überstehen, ist es dennoch klug, ihre Energie und Gesundheit zu schonen, indem man die Erde rund um ihre Basis aufhackt und alles mit einer groben Bodendüngung überzieht Gülle beim Schutz der Hybridtees und Tees. In den nördlichen Bundesstaaten empfiehlt es sich, die Spitzen der letzteren nach Einbruch des Winters mit Stroh abzubinden oder das Beet mit einem Rand aus Brettern oder Drahtgeflechten zu umgeben und die Pflanzen mit einer dicken Decke aus niedergehaltenen Blättern zu bedecken mit dem Pinsel. Dieser Schutz soll im März schrittweise aufgehoben werden.

Wenn die Winter besonders streng sind, besteht eine noch sicherere Vorsichtsmaßnahme darin, die Pflanzen auszugraben und in gut durchlässige Gräben zu legen und sie mit Erde und einer weiteren Schicht Blätter, Stroh oder Gestrüpp zu bedecken. Das Ziel besteht nicht darin, die Pflanzen überhaupt vor dem Einfrieren zu schützen, sondern darin, den verheerenden Wechsel von Einfrieren und Auftauen zu verhindern.

Eine andere Behandlung für zarte Rosen besteht darin, sie in Kisten mit Erde in einem kühlen Keller zu überwintern. Achten Sie in diesem Fall darauf, dass die Erde nicht völlig austrocknet. Zur Pflanzzeit im Frühjahr werden die ruhenden Pflanzen herausgenommen, in einen Eimer mit dünnem Schlamm getaucht und im Garten neu gepflanzt.

Auch wenn wir vorerst bereit sind, solche Vorsichtsmaßnahmen bei den Gartenrosen zu treffen, werden die meisten von uns keine Lust haben, die Kletterpflanzen in diesem Ausmaß zu verhätscheln. Abgesehen davon, dass wir einen Erdhaufen um die Basis dieser Klettersteige herumhacken und sie bedecken, lassen wir die Kletterer ihre eigenen Kämpfe ausfechten und überlassen das Ergebnis dem Prinzip des Überlebens des Stärksten.

LISTEN ZUVERLÄSSIGER ROSEN

Es ist in der Tat eine schwierige Angelegenheit, aus der Erfahrung der Rosenzüchter und aus den langen Listen der Baumschulkataloge einige auszuwählen, die mit Sicherheit als die besten Rosen bezeichnet werden können. Tatsächlich ist es eine Aufgabe, die niemand übernehmen möchte. Es kann jedoch hilfreich sein, die folgende Liste hinzuzufügen; Dies sind keineswegs die einzigen guten Rosen, aber bei der Auswahl einer oder aller dieser Rosen kann der Amateur nicht leicht in die Irre gehen. Für seine Erfahrung und Ratschläge zu diesen Listen bin ich unter anderem Dr. Robert Huey aus Philadelphia zu Dank verpflichtet — dem wahrscheinlich erfahrensten Hobby-Rosenzüchter in den Vereinigten Staaten.

Man hat es für das Beste gehalten, weder einzelne Beschreibungen zu versuchen noch zu sehr auf Farbdetails einzugehen. Die Listen sind dann in grobe Unterteilungen nach den Hauptfarben gruppiert, und es versteht sich, dass beispielsweise „Rosa" eine ziemlich große Auswahl unterschiedlicher Farbtöne umfasst.

HYBRIDE DAUERBRENNER

Weiß – Merveille de Lyon, White Baroness, Frau Karl Druschki , Margaret Dickson, Mabel Morrison, Gloire Lyonnaise (in Wirklichkeit eine Teehybride, aber da sie nur im Juni blüht, kann sie in die Hybrid-Perpetual-Klasse aufgenommen werden).

Pink – Baroness Rothschild, Caroline D'Arden , Heinrich Schultheis , Ihre Majestät, Lady Arthur Hill, Mrs. George Dickson, Mrs. Harkness, Susan Marie Rodocanachi , Mrs. John Laing, Paul Neyron , Marie Finges , Marquise de Castellane , Mrs. RS Sharman-Crawford, Souvenir de la Malmaison.

Rot – Kapitän Hayward, Fisher Holmes, General Jacqueminot , Oscar Cordel , Ulrich Brunner, Herzog von Edinburgh, Herzog von Teck, Anne de Diesbach , Herzog von Fife, Étienne Levet , Prinz Arthur, Ard's Rover (Kletterer).

Prinz Camille de Rohan ist die beste der sehr dunklen Rosen, zu denen auch Sultan von Sansibar, Louis Van Houtte und Xavier Olibo gehören . Diese sind jedoch schwachwüchsig und bringen ihre Blüten häufig nicht zur Vollendung.

TEES

Weiß – White Maman Cochet, Hon. Edith Gifford.

Pink – William R. Smith, Maman Cochet, Souvenir d'un Ami, Duchesse de Brabant, Mrs. BR Cant.

Gelb – Harry Kirk, Étoile de Lyon, Francisca Krueger, Isabelle Sprunt, Safrano , Marie Van Houtte .

HYBRIDTEES

Weiß oder hell und gemischt – Viscountess Folkestone , Pharisaer , Molly Sharman-Crawford, Ellen Wilmot, Grace Molyneaux, Antoine Revoire , Joseph Hill, Mrs. AR Waddell, Betty, Prince de Bulgarie , La Tosca, Kaiserin Augusta Victoria.

Pink – Killarney, Lady Alice Stanley, Lady Ursula, Dean Hole, Lyon Rose, Dorothy Page Roberts, Madame Edmée Metz, Lady Ashtown , Mrs. Charles Custis Harrison, Caroline Testout , La France.

Gelb – Herzogin von Wellington, Frau Aaron Ward, Madame Ravary , Madame Mélanie Soupert , Madame Hector Leuillot , Melodie.

Rot – George C. Waud , Lawrence Carle, Gruss an Teplitz , Château de Closvoges , Étoile de France.

MOOSROSEN

Weiß – Blanche Moreau.

Rosa – Haubenmoos.

RUGOSA UND SEINE HYBRIDEN

Weiß – Blanc Double de Coubert ; *Rosa rugosa* , var. *alba* .

Rosa – Conrad F. Meyer.

Rot – Arnold; *Rosa rugosa* , var. *Rubra* .

WICHURAIANA-HYBRIDEN

Weiß – Wichuraiana, Weiße Dorothy.

Pink – Lady Gay, Dorothy Perkins, WC Egan, Sargent.

Rot – Hiawatha.

NOISETTES

Gelb – Tuch aus Gold, Rêve d'Or (Kletterer), Glücksgelb.

POLYANTHAS

Weiß – Trier, Catherine Ziemet .

Pink – Tausendschön , Clothilde Soupert .

Rot – Karminsäule.

PRÄRIEROSEN

Weiß – Baltimore Belle.

Rosa – Rosa *setigera* .

ÖSTERREICHISCHE BRIERS

Gelb – Harrisons Gelb, Persisches Gelb, Österreichisches Kupfer.

EIN GLOSSAR DER BEGRIFFE

Staubbeutel – eine abgerundete, knaufartige Form an der Spitze des Staubblatts, die den Pollen enthält.

Kallus – eine Schwellung, die an der Basis eines Schnitts vor der Wurzelbildung auftritt.

Kelch – die schmalen grünen Blätter oder Kelchblätter, die die Knospe bedecken.

Doldentrauben – eine Gruppe von Blütenstielen, die aus einem gemeinsamen Stiel hervorgehen und eine ebene Spitze bilden.

Steckling – ein Abschnitt eines Stängels mit mehreren Augen oder ruhenden Knospen, der für die Vermehrung einer neuen Pflanze verwendet wird.

Disbud – einem Stiel die Blütenknospen entziehen, indem man diese abknipst oder abreibt. Dies geschieht, um mehr Energie in die verbleibende Knospe oder die verbleibenden Knospen zu stecken.

Hep oder Hip – die Samenkapsel.

Hybride – eine neue Art, die durch die gegenseitige Befruchtung zweier Arten entstanden ist.

Blättchen – ein einzelnes Mitglied des zusammengesetzten Blattes, das von allen Rosenpflanzen getragen wird.

Jungpflanze – eine Pflanze, die zum ersten Mal blüht, nachdem sie geknostet oder auf einen Stamm gepfropft wurde.

Eierstock – das hohle untere Ende eines Stempels, der die Embryosamen enthält.

Rispe – eine Gruppe von Blüten, die unregelmäßig an einem Stiel sitzen.

Blattstiel – der Stiel, an dem die einzelnen Blättchen befestigt sind.

Stempel – das samentragende Organ in der Mitte einer Blüte, bestehend aus einem oder mehreren Griffeln, einer oder mehreren Narben und dem Fruchtknoten.

Pollen – die pulverförmige Substanz, die in den Staubbeuteln vorkommt.

Remontant – wird auf Rosen angewendet, die im Sommer zum zweiten Mal blühen.

Kelchblätter – die schmalen grünen Blätter mit kerniger Textur, die den Kelch bilden.

Sport – ein Spross oder Ausläufer einer Pflanze, der ein oder mehrere besondere Merkmale aufweist, die ihn von seinem Elternteil unterscheiden.

Staubblätter – die männlichen Organe, die den Stempel umgeben.

Stigma – das obere Ende des Stempels, das den Pollen aufnehmen kann und über einen durch den Griffel nach unten verlaufenden Schlauch mit dem Eierstock verbunden ist.

Stil – die aufrechte säulenförmige Stütze der Narbe.

Ausläufer – ein Zweig oder Spross, der von der Wurzel oder dem Stängel einer Pflanze unterhalb der Erdoberfläche ausgeht. Wird häufig als Spross aus dem Wurzelstock einer geknospten oder veredelten Pflanze verwendet.

Entdecken Sie einen Vintage-Klassiker! Dieses außergewöhnliche Werk, das ursprünglich vor über einem Jahrhundert veröffentlicht wurde, war zu lange außer Reichweite. Writat Publishing ist stolz darauf, diesen Schatz wieder aufleben zu lassen, ihn neu zu formatieren und ins Deutsche zu übersetzen. Begleiten Sie uns auf einer immersiven Reise in die Geheimnisse und Wunder eines der besten Klassiker. Verpassen Sie nicht Ihre Chance, dieses zeitlose Juwel wiederzuentdecken und sich der Magie der Vintage- und Klassikliteratur hinzugeben!

WRITAT
www.writat.com

La Majesté du Calme

Problèmes et possibilités individuels

William George Jordan